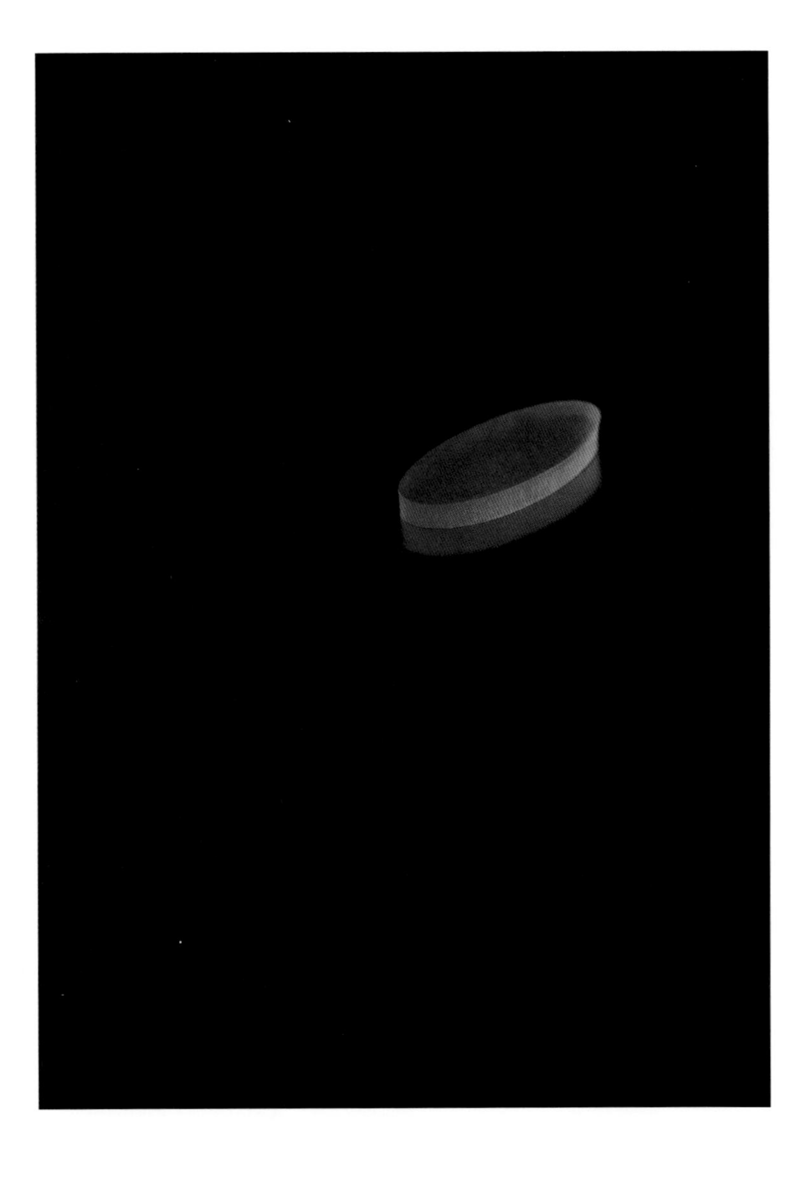

「彗星菓子手製所」という名前は旅先からの帰りのローカル線の中で生まれた。和菓子の活動は無理のない範囲でと、ぼんやり考えながら窓の外の暗闇を眺めていた。その暗闇が宇宙空間のように見えて、ふと「彗星」という言葉が浮かんだ。天文学には詳しくないけれど、たまに現れるという「彗星」になぞらえた。手で創ることを大事にしたいという思いから「手製所」という言葉を繋いだ。

目次

液体が立体に変化する。
存在するだけで空気を纏い、空間が生まれる。
無限の造形性と可能性を感じた瞬間、“かたち”に導かれるように、心と手が動いた。

スピードが問われる時代に逆行して、琥珀糖には、かけなくてはいけない時間がある。
待つ時間。
そのことも魅力。

シンプルな素材でつくる琥珀糖は、素材を煮詰め、液体を流し、固め、切り出す。
光を透過する透明な“かたち”を時間をかけて結晶化させる。
磨りガラスのような薄い糖膜を帯びていく姿は本当に美しい。
見たことの無い景色を何度も経験させてくれる。

Kohakuto　4

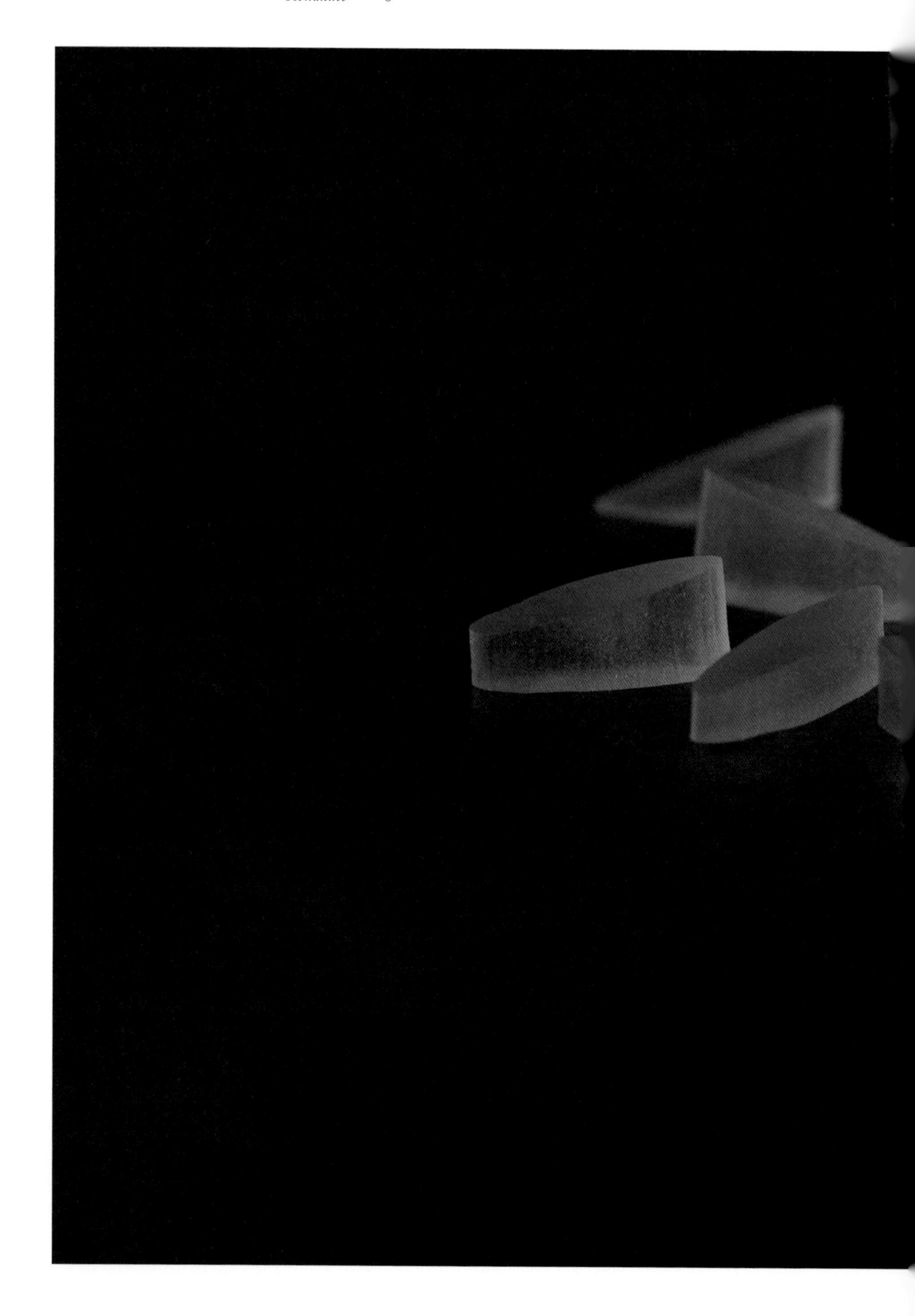

11,12

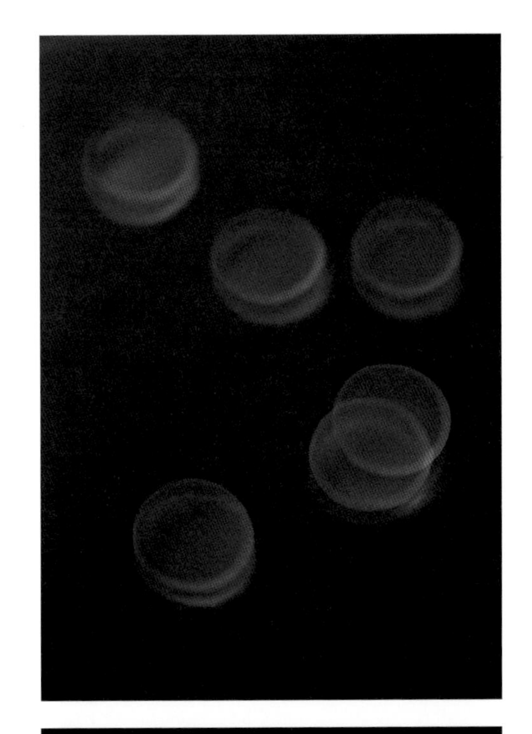

Kohakuto

1　光粒 / 光を集める装置
2　彗星楕円
3　中谷宇吉郎とウィルソン・ベントレーへのオマージュ
4　うずまき
5　鱗紋
6　Jewelry
7　氷裂紋 / 水沢腹堅（さわみずこおりつめる）
8　都市あるいは帆船
9　羽衣
10　Casting
11　蜉蝣の一期
12　Baton/Gallerist Mrs. K へのオマージュ

琥珀糖: 寒天, 甜菜糖, ハーブリキュール (*p. 134*)
Kohakuto: agar-agar, beet sugar, herb liqueur

白のニュアンス

Nuance of Whiteness

故郷の岡山は白小豆の産地だった。
縁あって、岡山の県北で白小豆の生産者と出逢い、種を蒔き、収穫を手伝う。
豆はそのものが種だ。
和菓子の素材をそのまま土に植えることは、私がいつも餡をつくる行為と視覚的にも重なった。
農作業を垣間見ることで、つくってみたい菓子は白小豆のことを伝えたい菓子に変わった。

種を蒔く

土を耕し、畝に沿って等間隔で3粒ずつ白小豆を植えていく。

大地から芽をだし、夏には黄色い花が咲く。
夏草が畑に蔓延り、雑草を抜く。
葉が生い茂り、莢がぶら下がる。

錦玉羹: 寒天, 甜菜糖, 白小豆, きな粉, 牛乳 *(p. 134)*
Kingyokukan: agar-agar, beet sugar, white azuki bean, soybean flour, milk

軒先にて

秋の気配とともに、白小豆の莢は枯れ始める。
紅葉が盛りの頃、豆が莢から弾けてくると収穫がはじまる。

大地から白小豆を根っこごと引き抜き、農家の軒先に干す。
二階には干柿がぶら下がり、一階の軒先には白小豆。
太陽と風にあてながら乾燥させる。
軒先の前に立ったとき、この菓子の構成を思いつく。

柿羊羹: 白小豆漉餡, 柿, 寒天, 甜菜糖 *(p. 134)*
Persimmon yokan: smooth white azuki bean paste, persimmon, agar-agar, beet sugar

収穫

白小豆の莢を開くと中から８〜10粒の豆がこぼれる。
軒先から下ろした莢の束を木槌で叩きながら脱穀する。

無農薬無肥料で育てられ、収穫したばかりのその豆は、虫食いのものや、白いからこそ目立つ斑点のあるものも混じる。ひとつぶひとつぶ選り分けていく根気と時間をひきかえに、集まった白小豆の美しさは格別だった。

善哉: 白小豆, 甜菜糖 *(p. 134)*
Zenzai: white azuki bean, beet sugar

次世代の人々へ
白小豆がずっと受け継がれますようにと、一枚のゆずり葉に
願いをこめて。

雪平: 羽二重粉, 卵白, 白小豆粒餡, 甜菜糖 *(p. 134)*
Seppei: habutae glutinous rice flour, egg white, mashed white azuki bean paste, beet sugar

薫ル柑橘

Fragrant Citrus

散歩の途中で、香りに誘われて普段は歩かない道を進む。
風に乗って漂うその香りのする場所は同級生の家の庭先だった。
金柑の花って、こんなにいい香りがするんだ。
鼻を寄せて深呼吸した。

万葉集には橘のことを詠んだ歌がたくさんある。
その中で印象に残るのは、この国に橘の実を持ち帰った
田道間守（たじまのもり）を讃えた歌。
四季折々の橘の姿が情景とともに美しく香しく詠まれている。
常緑の葉、花の香り、輝く実。
いつの時代も柑橘は風景や生活に溶け込み、
癒されてきたのかもしれない。

橘葛

果物はそれだけで美味しい。
素材に手を加えることが罪のようにも思えてくることがある。
蜜柑がいっそう蜜柑に感じられる菓子をつくりたいと思った。

果実葛湯: 葛, 蜜柑, 甜菜糖 *(p. 135)*
Fruits kudzuyu: kudzu, Japanese mandarin, beet sugar

田道間守（たじまのもり）に捧ぐ

万葉集の大伴家持の長歌にしつらえて、田道間守が常世の国から持ち帰った不老不死の力を持つといわれる実、橘を思う。

果皮糖: 文旦, 檸檬, 金柑, ザボン, 夏蜜柑, 甜菜糖 *(p. 135)*
Candied citrus peel: buntan, lemon, kumquat, zabon, summer tangerine, beet sugar

可氣麻母安夜尓加之古思皇神祖乃可
能大田道間守常世尓和多利夜保
毛知泥許之登吉能香久乃菓
乎可之古久母能許之礼國勢尓
於非多知左加延波流左礼婆都追
保登等藝五月尓波波延
尓多乎理登女良尓都刀美
路多倍能蘇泥尓毛古伎礼香具播之美於
弖可良之美安波多麻尓奴伎都追
尓麻吉弖見礼加受秋豆氣婆之具
乃雨零阿之比奇能麻能許奴礼波久礼

柚飯と柚香煎

江戸時代の柚子料理を集めた料理書『柚珍秘密箱』から柚子飯をヒントにおこわ仕立てとした。
この本に私が一品くわえるとしたら、柚香煎を書き添えたい。干した柚子と塩をあわせた香煎はシンプルながら出汁のような旨味。

おこわ: 柚子, 餅米 *(p. 135)* *Okowa: yuzu, glutinous rice*
香煎: 柚子, 塩 *(p. 135)* *Kousen: yuzu, salt*

香りを纏う

柑橘の皮の粒子を衣のように纏う。
風にのって香りが漂う。

琥珀糖: 柚子, 寒天, 甜菜糖 (p. 135)
Kohakuto: yuzu, agar-agar, beet sugar

柑橘羹

祖母や母がおせちにつくる柚子釜が子供の頃から好きだった。
好きな柑橘をくりぬいてうつわに見立てる。
うつわが薫るのだ。

錦玉羹: 柑橘, 寒天, 甜菜糖 *(p. 135)*
Kingyokukan: citrus, agar-agar, beet sugar

雲薫ル

自分の美味しいと思う基準を探していたとき、空気も味覚の一部だと思った。

香りゆたかで、かろやかな雲に見立てた落雁に仕上げた。
そして、干菓子は生菓子と同じくらい早く食べて欲しいと願う。

落雁: 甜菜糖, 寒梅粉, 蜜, 陳皮, 空気 *(p. 135)*
Rakugan: beet sugar, kanbai glutinous rice flour, syrup, citrus unshiu peel, air

拝啓、ヴィクトリア女王様

イギリスの中世の食卓のことを記した本を読んだ。
昔は柑橘類は王室でさえ貴重で、とても大事に食べられていたことが書かれてあった。

イギリスにはヴィクトリア女王を慰めたという、スポンジケーキにジャムを挟んだ菓子がある。
女王に和菓子を召し上がっていただくならば、浮島に柑橘のジャムを挟んで差し上げたい。

浮島: タンカン, 卵, 上新粉, 手亡豆餡, 純黒糖, 甜菜糖, 生クリーム *(p. 136)*
Ukishima: tankan, egg, joshin rice flour, white kidney bean paste, pure brown sugar, beet suger, fresh cream

春の情景

Spring Scenes

春はどこからやってくるのか。

岡山で過ごした子供の頃、春になると決まって漂ってくる匂いがあった。
母も私もその匂いに敏感で、どちらからともなく、「きょう、春のにおいしたね」と確認しあった。
むぅ〜んとした、決していい匂いとはいえない香りが春の始まりの合図だった。
何年も経って、それはツバキ科の姫榊(ひさかき)の匂いだと知る。

そして春がはじまるな、と感じたら、決まって庭の隅っこに顔を出す足元の蕗の薹を探しに行く。

春は匂いをつれてくる。

春のこゑ

口のなかにひとひらの春。
目を閉じて、春の声を聴く。春は鼻を通り抜けた。

砂糖漬: 蕗の薹, 甜菜糖 *(p. 136)*
Candied fukinotou: Japanese butterbur scape, beet sugar

ランドスケープ

春の楽しみは山菜採り。
山道を歩きながら、足元の芽吹いたばかりの緑の香りを。
立ち止まって遠くの山々を見渡す。

緑の大福: 餅粉, 白小豆漉餡, スナップエンドウ, 山椒の葉, 甜菜糖 *(p. 136)*
Green daifuku: glutinous rice flour, smooth white azuki bean paste, snap pea, Japanese pepper leaf, beet sugar

夢見草

春の山路で美しい衣を着た女性の一群とすれ違う。
散りかかっていた桜の花びらにたとえて詠まれた歌。

夢見草は桜の別名でもある。

道明寺: 道明寺粉, 青海苔, 牛蒡味噌餡, 氷餅, レッドドラゴンフルーツ,
甜菜糖 *(p. 136)*

Domyoji: domyoji glutinous rice meal, green dried seaweed, burdock root and soybean paste flavored bean paste, freeze-dried rice cake flake, red dragon fruit, beet sugar

梓弓　春の山べを越えくれば
道もさりあへず　花ぞ散りける

『古今和歌集』紀貫之

桜雲

草庵から眺める桜の花は今が盛り、まるで雲のようだ。
聞こえて来る鐘の音は上野(寛永寺)だろうか、
それとも浅草(浅草寺)だろうか。

句を声に出して読んだ。
彼方此方(あちこち)で満開を迎える桜が花の雲のように目に浮かぶ。
鳥になって、上空から眺めている気持ちになった。

わらび餅: 苺, わらび粉, 白小豆漉餡, 甜菜糖 *(p. 136)*
Warabimochi: strawberry, bracken root powder, smooth white azuki bean paste, beet sugar

花の雲
鐘は上野か
浅草か

『続虚栗』松尾芭蕉

雨の言葉

Rain Words

しとしと

ザァザァ

パラパラ

ぽつぽつ

春雨、時雨、梅雨、緑雨、白雨…　日本の自然は表情豊かだ。
言葉ひとつで、雨の情景が浮かぶ。

日本の雨の言葉しか知らなかった私は、ある日、書家の友人が書にしたためた、中国の詩人が綴った「雨奇晴好」という言葉が目に留まる。
それまで見えていた景色や心の持ちようが変わった。

驟雨（しゅうう）

夏の夕立。
雨のあと、草の葉についた雨の露が歩くたびに、足首やふくらはぎにあたると、ひやりと涼しい。

水のゼリー：アガー，甜菜糖，梅蜜 *(p. 137)*
Water jelly: agar-agar made from seaweed and seed, beet sugar, ume syrup

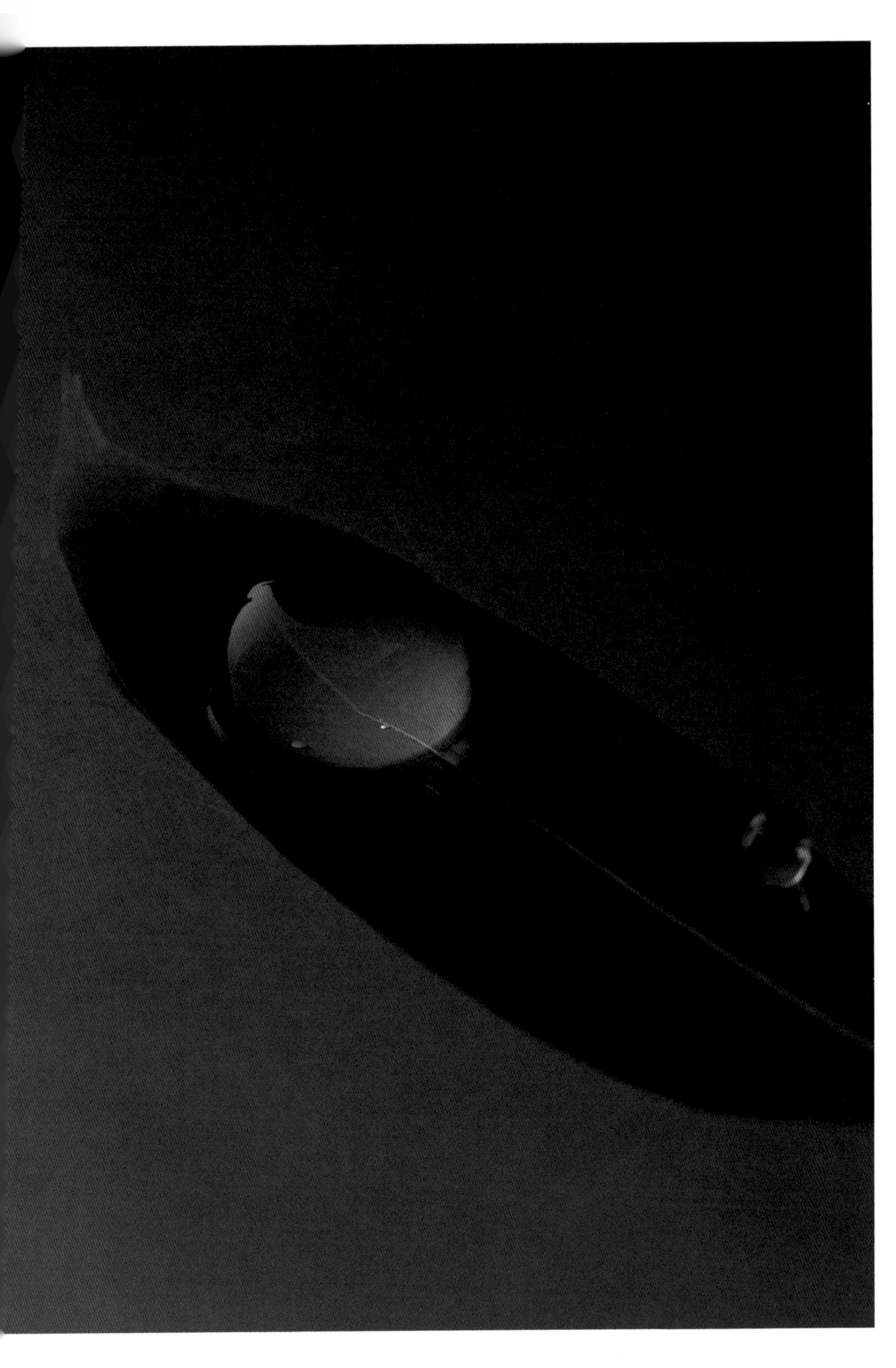

雨余香（うよかんばし）

雨上がりの木々は生き生きと美しく、香りも孕む。
しっとりした環境はあらたな生命力に満ち、可能性をも秘めている。
雨もまたよし。

葛寄：葛，タピオカ澱粉，ドライランブータン，甜菜糖 *(p. 137)*
Kudzuyose: kudzu,tapioca powder, dried rambutan, beet sugar

雨奇晴好（うきせいこう）

中国の詩人、蘇軾（そしょく）の詩。
山水の景色。
晴れの日は美しく、雨の日もまた趣があって、どちらも素晴らしい。

錦玉羹: 寒天, 枝豆, 甜菜糖 *(p. 137)*
Kingyokukan: agar-agar, green soybean, beet sugar

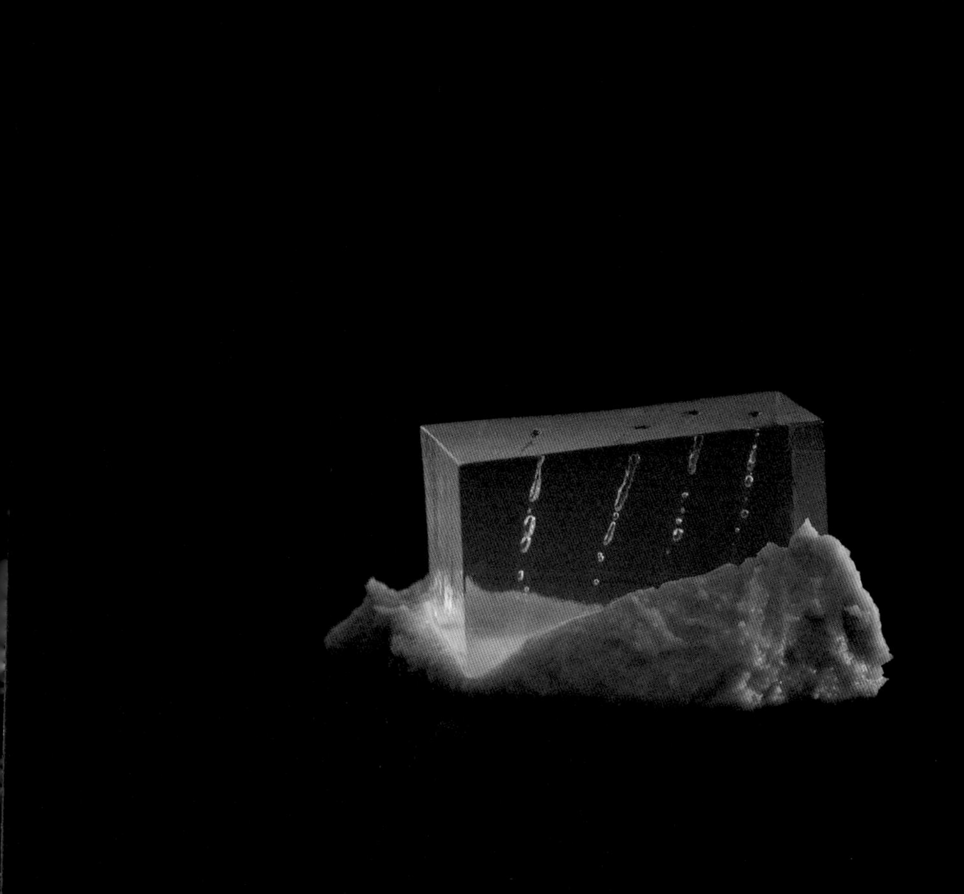

白雨（はくう）

夕立、にわかあめ。
夏のひと雨は暑さもやわらぐ。

琥珀糖: 寒天, 甜菜糖, ハーブリキュール (*p. 137*)
Kohakuto: agar-agar, beet sugar, herb liqueur

夏の情景

Summer Scenes

路地に水を撒き、ささやかな涼を得る。
わずかな風がゆらす風鈴の音、辺りが暗くなった頃、螢が静かな呼吸のように光る。

打ち上げ花火が水面にゆらゆらと映る。
蓮の葉にしたたる水たまり。
散華のように散った蓮の花弁。

夏には色気がある。

9月の新刊 ●9日発売

1513 明治憲法史
坂野潤治（東京大学名誉教授）

近代日本が崩壊へと向かう過程において、憲法体制は本当に無力であるほかなかったのか。明治国家の建設から総力戦の時代まで、この国のありようの根本をよみとく。

07317-4 820円

1514 中東政治入門
末近浩太（立命館大学教授）

パレスチナ問題、アラブの春、シリア内戦、イスラーム国、石油依存経済、米露の介入……中東が抱える複雑な問題を「理解」するために必読の決定版入門書。

07344-0 1000円

1515 戦後日本を問いなおす ▼日米非対称のダイナミズム
原彬久（東京国際大学名誉教授）

日本はなぜ対米従属をやめられないのか。戦後の「日米非対称システム」を分析し、中国台頭・米国後退の中、政治的自立のため日本国民がいま何をすべきかを問う。

07320-4 880円

1516 渋沢栄一 ▼日本のインフラを創った民間経済の巨人
木村昌人（関西大学客員教授）

日本の基盤と民主化を創出した「民間」の巨人、渋沢の生涯とその思想の全貌に迫る決定版。東アジアの一国がどう時代を切り拓くかを熟考したリーダーの軌跡。

07318-1 1100円

1517 働き方改革の世界史
濱口桂一郎（労働政策研究・研修機構労働政策研究所長）／海老原嗣生（雇用ジャーナリスト）

国の繁栄も沈滞も働き方次第。団結権や労使協調、経営参加……など、労働運動や労使関係の理論はどう生まれたか。英米独仏と日本の理想と現実、試行錯誤の歴史。

07331-0 840円

1518 メディアが動かすアメリカ ▼民主政治とジャーナリズム
渡辺将人（北海道大学大学院准教授）

メディアは政治をいかに動かし、また動かされてきたのか。アメリカのテレビと選挙の現場を知り尽くした著者が解き明かす、超大国アメリカの知られざる姿。

07339-6 920円

1519 リベラルの敵はリベラルにあり
倉持麟太郎（弁護士）

「フェイク」リベラルの「ハリボテ」民主主義ではもう闘えない。個人も国家も劇的に脅かされるAI時代にリベラル再生を企図する、保守層も必読の斬新な挑戦状。

07335-8 1100円

6桁の数字はISBNコードです。頭に978-4-480をつけてご利用下さい。

chikuma primer shinsho

ちくまプリマー新書

さいしょのしんしょ

★9月の新刊　●9日発売

358
モーツァルト【よみがえる天才3】
京都大学教授 岡田暁生
完璧なる優美、子どもの無垢、美の残酷と壊れたような狂気、楽しさと同居する寂しさ――モーツァルトとはいったい何者だったのか？ 天才の真実を解き明かす。
68383-0 920円

359
社会を知るためには
立命館大学教授 筒井淳也
なぜ先行きが見えないのか？ 複雑に絡み合う社会を理解するのは難しいため、様々なリスクをうけいれざるを得ない。その社会の特徴に向き合うための最初の一冊。
68382-3 840円

好評の既刊　＊印は8月の新刊

- 一枚の絵で学ぶ美術史 カラヴァッジョ《聖マタイの召命》 宮下規久朗　名画を読み解き豊かなメッセージを受け取る　68369-4 950円
- 日本史でたどるニッポン 本郷和人　日本はどのように今の日本になったのか　68371-7 840円
- 子どもたちに語る 日中二千年史 小島毅　日本と中国の長く複雑な関わりの歴史を一望　68370-0 920円
- 科学の最前線を切りひらく！ 川端裕人　気鋭の科学者たちが知的探求の全貌を明かす　68372-4 940円
- 英語バカのすすめ――私はこうして英語を学んだ 横山雅彦　全身全霊を傾け英語を身につけたその道のり　68373-1 840円
- 伊藤若冲【よみがえる天才1】 辻惟雄　ファンタジーと写実が織りなす美の世界へ！　68374-8 1000円
- レオナルド・ダ・ヴィンチ【よみがえる天才2】 池上英洋　その人はコンプレックスだらけの青年だった　68377-9 980円
- 「さみしさ」の力――孤独と自立の心理学 榎本博明　さみしさこそが自立への糧となる　68375-5 760円
- 部活魂！ この文化部がすごい 読売中高生新聞編集室　部活をめぐる仲間との情熱のドラマを描く　68378-6 880円
- はずれ者が進化をつくる――生き物をめぐる個性の秘密 稲垣栄洋　ナンバーワンでオンリーワンの生存戦略とは　68379-3 800円
- 公務員という仕事 村木厚子　その大変さ、やりがい、そして楽しさを伝える　68376-2 860円
- すごいぜ！ 菌類 星野保　小さいけれども逞しいその生態とは？　68380-9 800円
- ＊はじめての昭和史 井上寿一　日本を知るうえでの最低限の歴史的事実　68381-6 840円
- ＊10代と語る英語教育――民間試験導入延期までの道のり 鳥飼玖美子　記述式？民間試験？大学の入試改革とは？　68384-7 980円

6桁の数字はISBNコードです。頭に978-4-480をつけてご利用下さい。

9月の新刊　●12日発売　ちくま学芸文庫

精選　シーニュ

モーリス・メルロ＝ポンティ　廣瀬浩司 編訳

メルロ＝ポンティの代表的論集『シーニュ』より重要論考のみを厳選し、新訳。精確かつ平明な訳文と懇切な注釈により、その真価が明らかとなる。

51002-0
1400円

明の太祖　朱元璋

檀上寛

貧農から皇帝に上り詰め、巨大な専制国家の樹立に成功した朱元璋。十四世紀の中国の社会状況を読み解きながら、元璋を皇帝に導いたカギを探る。

51005-1
1200円

朝鮮銀行

多田井喜生　■ある円通貨圏の興亡

植民地政策のもと設立された朝鮮銀行。その銀行券等の発行により、日本は内地経済破綻を防ぎつつ軍費調達ができた。隠れた実態を描く。（**板谷敏彦**）

51003-7
1200円

インドの数学

林隆夫　■ゼロの発明

ゼロの発明だけでなく、数表記法、平方根の近似公式、順列組み合せ等大きな足跡を残してきたインドの数学を古代から16世紀まで原典に則して辿る。

51004-4
1300円

6桁の数字はISBNコードです。頭に978-4-480をつけてご利用下さい。
内容紹介の末尾のカッコ内は解説者です。

好評の既刊

＊印は8月の新刊

ゴシック文学入門
東雅夫 編
江戸川乱歩、小泉八雲、平井呈一、日夏耿之介、澁澤龍彥、種村季弘――。「ゴシック文学」の世界へ飛び込むための厳選評論アンソロジーが誕生！
43694-8 950円

独居老人スタイル
都築響一 ひとりで生きて、何が悪い。人生の大先輩16人のインタビュー集
43626-9 1000円

やっさもっさ
獅子文六 〝横浜〟を舞台に鋭い批評性も光る傑作
43638-2 840円

エーゲ 永遠回帰の海
立花隆 須田慎太郎［写真］ 伝説の名著、待望の文庫化！
43642-9 1000円

高峰秀子の流儀
斎藤明美 没後10年の今読みたい、豊かな感性と思慮深さ
43630-6 860円

鴻上尚史のごあいさつ 1981-2019
鴻上尚史 「第三舞台」から最新作までの「ごあいさつ」！
43636-8 1200円

小川洋子と読む 内田百閒アンソロジー
内田百閒 小川洋子 編 最高の読み手と味わう最高の内田百閒
43641-2 880円

土曜日は灰色の馬
恩田陸 とっておきのエッセイが待望の文庫化！
43647-4 720円

向田邦子ベスト・エッセイ
向田邦子 向田和子 編 人間の面白さ、奥深さを描く！
43659-7 900円

新版 一生モノの勉強法 ●理系的「知的生産戦略」のすべて
鎌田浩毅 勉強本ベストセラーの完全リニューアル版
43646-7 800円

隔離の島
J・M・G・ル・クレジオ ノーベル賞作家の代表的長編小説
43681-8 1500円

必ず食える1%の人になる方法
藤原和博 「人生の教科書」コレクション2 対談 西野亮廣
43682-5 720円

奴隷のしつけ方
マルクス・シドニウス・ファルクス 奴隷マネジメント術の決定版！
43662-7 800円

現代マンガ選集 **表現の冒険**
中条省平 編 マンガに革新をもたらした決定的な傑作群
43671-9 800円

現代マンガ選集 **破壊せよ、と笑いは言った**
斎藤宣彦 編 〈ギャグ〉は手法から一大ジャンルへ
43672-6 800円

現代マンガ選集 **日常の淵**
ササキバラ・ゴウ 編 いまここで、生きる
43673-3 800円

＊現代マンガ選集 **異形の未来**
中野晴行 編 これぞマンガの想像力
43674-0 800円

それでも生きる ●国際協力リアル教室
石井光太 僕たちには何ができる？
43679-5 720円

＊**落語を聴いてみたけど面白くなかった人へ**
頭木弘樹 面白くないのがあたりまえ！ から始める落語入門
43688-7 860円

6桁の数字はISBNコードです。頭に978-4-480をつけてご利用下さい。

ちくま文庫

9月の新刊 ●12日発売

侠気（おとこぎ）と肉体の時代

夏目房之介 編 ●現代マンガ選集

闘って、死ぬ

格闘技、スポーツ、アクション。劇画によって解放された身体描写の展開をたどり、怒りと美学の狭間で成長する男たちの肉体を読者にさしだす。

43675-7 800円

ひと・ヒト・人

井上ひさし 井上ユリ 編 ●井上ひさしベスト・エッセイ続

没後十年。選りすぐりの人物エッセイ

道元・漱石・賢治・菊池寛・司馬遼太郎・松本清張・渥美清・母……敬し、愛した人々とその作品を描きつくしたベスト・エッセイ集。（野田秀樹）

43693-1 900円

10年後、君に仕事はあるのか？

藤原和博

AIの登場、コロナの出現で仕事も生き方も激変する。小さなクレジット（信任）を積み重ねて、生き残る方法とは？　文庫版特典は、橘玲の書き下ろし。

43690-0 800円

吸血鬼飼育法　完全版

都筑道夫　日下三蔵 編

事件屋稼業、片岡直次郎がどんな無茶苦茶な依頼も解決する予測不能の活劇連作。入手困難の原型作品やスピンオフも収録し〈完全版〉として復活。

43692-4 900円

遠くの街に犬の吠える

吉田篤弘

彼らには聞こえているのです。わたしたちの知らない声や音が——せつない恋と、ささやかな冒険の物語。著者解説「遠吠えの聞こえる夜」収録。

43691-7 740円

6桁の数字はISBNコードです。頭に978-4-480をつけてご利用下さい。
内容紹介の末尾のカッコ内は解説者です。

筑摩選書

9月の新刊 ●17日発売

0195

メガ・リスク時代の「日本再生」戦略
▼「分散革命ニューディール」という希望

飯田哲也・金子勝
環境エネルギー政策研究所（ISEP）所長　立教大学特任教授

パンデミック、地球温暖化、デジタル化の遅れといった巨大リスクに覆われ、迷走する「ガラパゴス・ニッポン」。いかに脱却するかの青写真を提示した希望の書！

01714-7　1500円

0196

独裁と孤立　トランプのアメリカ・ファースト

園田耕司
朝日新聞ワシントン特派員

自国益を最優先にすると公言し、意見の合わない側近を次々と更迭したトランプ大統領。トランプの「アメリカ・ファースト」とは何か？　真実に迫るドキュメント！

01716-1　1700円

好評の既刊 ＊印は8月の新刊

三越 誕生！――帝国のデパートと近代化の夢
和田博文　そこには近代日本の夢のすべてがあった！
01688-1　1600円

明治史研究の最前線
小林和幸 編著　日本近代史の学習に必携の研究案内
01693-5　1600円

アジールと国家――中世日本の政治と宗教
伊藤正敏　宗教と迷信なしには、中世は理解出来ない
01687-4　1700円

皇国日本とアメリカ大権――日本人の精神を何が縛っているのか？
橋爪大三郎　戦前・戦後を貫流する日本人の無意識とは？
01694-2　1600円

明智光秀と細川ガラシャ――戦国を生きた父娘の虚像と実像
井上章一／呉座勇一／フレデリック・クレインス／郭南燕　そのイメージのルーツ
01695-9　1600円

徳川の幕末――人材と政局
松浦玲　最後の瞬間まで幕府は歴史の中心にいた
01692-8　1700円

プロ野球vs.オリンピック――幻の東京五輪とベーブ・ルース監督計画
山際康之　プロ野球草創期の選手争奪戦を描き出す
01697-3　1500円

知的創造の条件――AI的思考を超えるヒント
吉見俊哉　知的創造の条件を多角的に論じ切った渾身作
01696-6　1600円

3・11後の社会運動――8万人のデータから分かったこと
樋口直人／松谷満 編著　反原発・反安保法制運動を多角的に分析！
01698-0　1500円

アジア主義全史
嵯峨隆　アジア主義の失敗に学ぶ、真のアジア共生への道
01699-7　1700円

いま、子どもの本が売れる理由
飯田一史　隆盛する児童書市場。その秘密を徹底分析！
01710-9　1800円

＊**安倍vs.プーチン**――日ロ交渉はなぜ行き詰まったのか？
駒木明義　日ロ首脳の交渉を検証、迫真のドキュメント！
01713-0　1800円

6桁の数字はISBNコードです。頭に978-4-480をつけてご利用下さい。

筑摩書房編集部 編

コロナ後の世界

——いま、この地点から考える

世界を襲ったCovid-19。深刻かつ多方面にわたるその影響。危機の正体と到来する未来を、第一線で活躍する12人の知性が多角的に検証した比類なき論集！

86474-1　四六判（9月3日刊）１５００円

強力無比の執筆陣

小野昌弘（免疫学）
宮台真司（社会学）
斎藤環（精神医学）
松尾匡（経済学）
中島岳志（南アジア地域研究、近代日本政治思想）
宇野重規（政治哲学）
鈴木晃仁（医学史）
神里達博（科学史、科学技術社会論）
小泉義之（哲学・現代思想）
柴田悠（社会学）
中島隆博（哲学）
大澤真幸（社会学）

秋吉久美子　樋口尚文

秋吉久美子　調書

45年余の女優人生を語りつくす

1970年代に彗星のように登場し社会に衝撃を与え、現在に至るまで第一線で活躍をつづける秋吉久美子。初のロングインタビューと秘蔵のスナップを多数収録！

81854-6　四六判（9月17日刊）２０００円

6桁の数字はISBNコードです。頭に978-4-480をつけてご利用下さい。

筑摩書房 新刊案内

●2020. 9

●ご注文・お問合せ
筑摩書房営業部
東京都台東区蔵前 2-5-3
☎03（5687）2680　〒111-8755

この広告の定価は表示価格＋税です。
※刊行日・書名・価格など変更になる場合がございます。

http://www.chikumashobo.co.jp/

チョ・ナムジュ　小山内園子／すんみ訳

彼女の名前は

『82年生まれ、キム・ジヨン』の次の作品！

韓国で130万部、映画化された『82年生まれ、キム・ジヨン』著者の次作短編集。「次の人」のために立ち上がる女性たち。解説＝成川彩　帯文＝伊藤詩織、王谷晶

83215-3　四六判（9月23日刊）　1600円

早川義夫

女ともだち

――静代に捧ぐ

ある日から音楽活動も執筆も全てやめた。妻の病気が判明したから。『たましいの場所』の著者が妻に贈る鎮魂エッセイ。渾身の書下ろし。帯文＝宮藤官九郎、神藏美子

81555-2　四六判（9月19日刊）予価1500円

斎藤美奈子

忖度しません

ちゃんと言う。それが大事。

コロナ禍で露呈したのは、日本には生活困窮者がこんなにいるということだった！　一億総中流は過去の夢。なぜこうなったのかを本を読んで考え続けた同時代批評。

81557-6　四六判（9月12日刊）予価1600円

6桁の数字はISBNコードです。頭に978-4-480をつけてご利用下さい。

螢

初夏のひとときの幻想。
光を蓄えて今にも飛び立つ、その瞬間が好きだ。

冷葛湯: 葛, 果物時計草, 蝶豆, 甜菜糖 *(p. 137)*
Cold kudzuyu: kudzu, *passion fruit, butterfly pea, beet sugar*

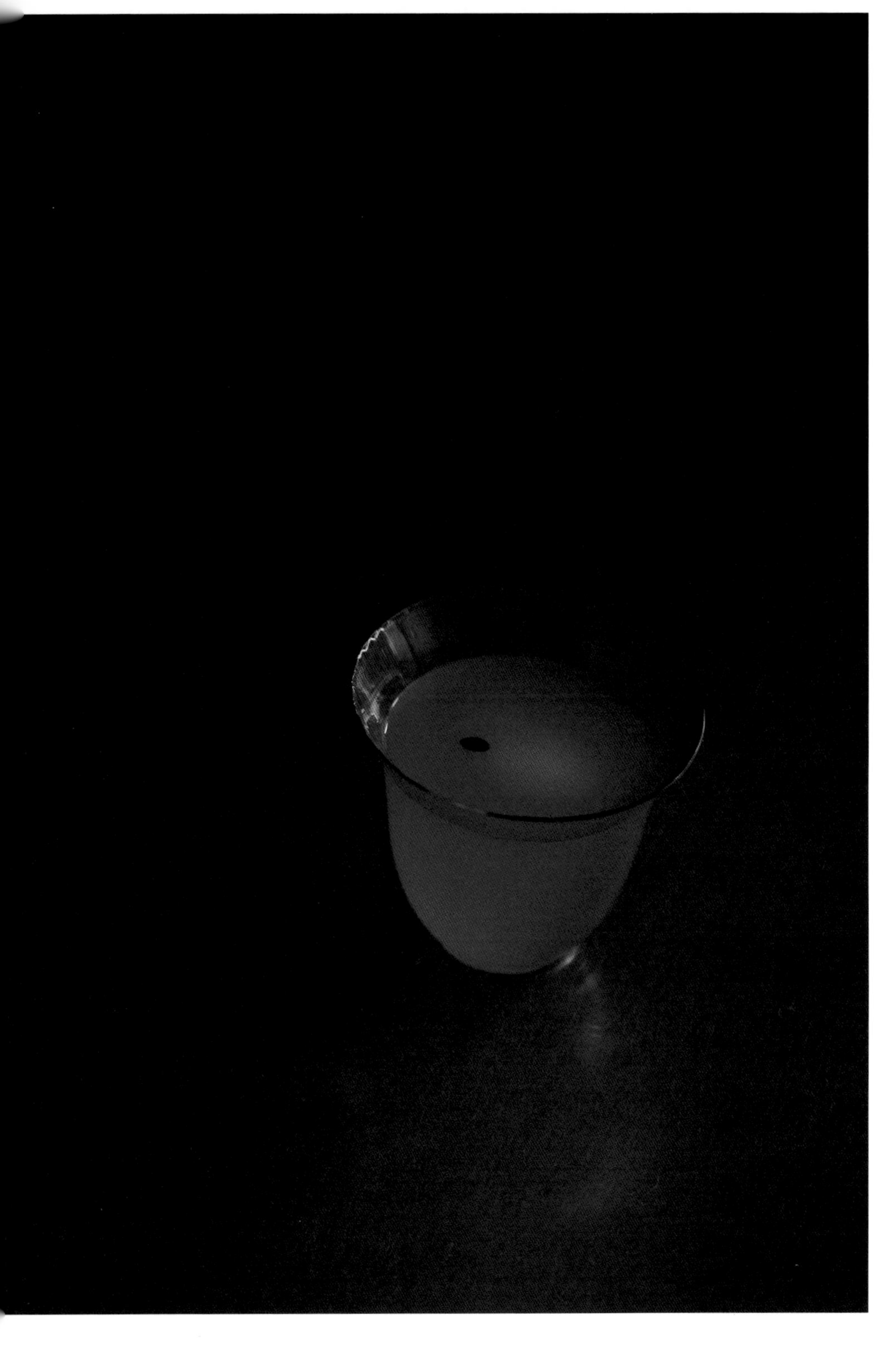

沼縄（ぬなわ）

沼縄とは蓴菜（じゅんさい）の古い名前。

沼に絡まりゆれうごく蓴菜に恋心をかさねたうた。

水のゼリー: 蓴菜, アガー, 甜菜糖, 実山椒蜜 *(p. 138)*

Water jelly: water shield, agar-agar made from seaweed and seed, beet sugar, Japanese peppercorn syrup

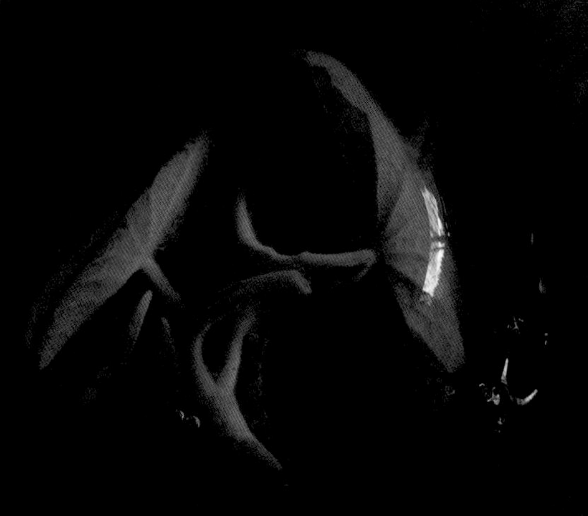

我が心
ゆたにたゆたに 浮蓴
辺にも沖にも 寄りかつましじ

『万葉集』読み人知らず

なんば

幼少に祖母が用意してくれたおやつに「なんば」があった。
それは、茹でたとうもろこし。

地域によって呼び方がさまざまあることに気づく。
なんば、もろこし、とうきび、とうきみetc.
それぞれに馴染んだ呼び名があるのは興味深い。

炙り外郎：とうもろこし餡，米粉，餅粉，甜菜糖 (p. 138)
Grilled uiro: sweet corn and white kidney bean paste, rice flour, glutinous rice flour, beet sugar

氷室

氷を食べる。
夏の涼の一番のご馳走かもしれない。
平安時代も今も変わらず。

淡雪羹: 卵白, 桃, 寒天, 甜菜糖 *(p. 138)*
Awayukikan: egg white, peach, agar-agar, beet sugar

秋とスパイス
Autumn with Spices

和菓子にスパイス。
新鮮に聞こえるかもしれないが、調べてみると、先人が生み出したスパイスの菓子は少なくない。
スパイスを知り、触れると、味覚や嗅覚が研ぎすまされる。
同じスパイスでも、育つ国、環境、また品種で香りの奥行きも違い、挽く、漬ける、潰す、煮出すなど手法もさまざま。
五感で味や香りを聴く。
ときには香りが記憶を呼び醒す。

菓子に仕立てるとき、味や香りの調子を調える過程はまるで調香師になった気分で、素材を重ねるたのしさを知る。
素材を引き立てるための、量を足す勇気、引き算する潔さ。

カルダモンと林檎

カルダモンがショウガ科のスパイスと知り、親近感が湧いた。記憶の中の経験から創造力を膨らませながら、味を重ね、色を重ね、季節を重ねる。

錦玉羹: カルダモン, 林檎, 寒天, 甜菜糖, 菊 *(p. 138)*

Kingyokukan: cardamom, apple, agar-agar, beet sugar, edible chrysanthemum

馬告(マーガオ) ディル

馬告のスティック、ディルのタブレット。
旅の思い出を綴じ込める干菓子。

馬告は友人の台湾土産。檸檬のような香りのする胡椒。
ディルはアメリカのシェーカー教徒を訪ねる旅の中で出合った印象深い香りだった。
スパイスは異国の文化を垣間見るスイッチのようなもの。

雲平: ディル, 馬告, 粉糖, 寒梅粉 *(p. 138)*
Unpei: dill, Chinese mountain pepper, powder sugar, kanbai glutinous rice flour

丁子

丁字を嗅ぐとジーンという響きが聞こえる。
香りから来る印象。
スパイスの中でも丁字は万能で、果物にもあう気がする。
秋なら、無花果、洋梨、林檎、葡萄。

果実の葛掛け：丁字，無花果，葛，甜菜糖 *(p. 138)*
Fruits coated with kudzu syrup: clove, fig, kudzu, beet sugar

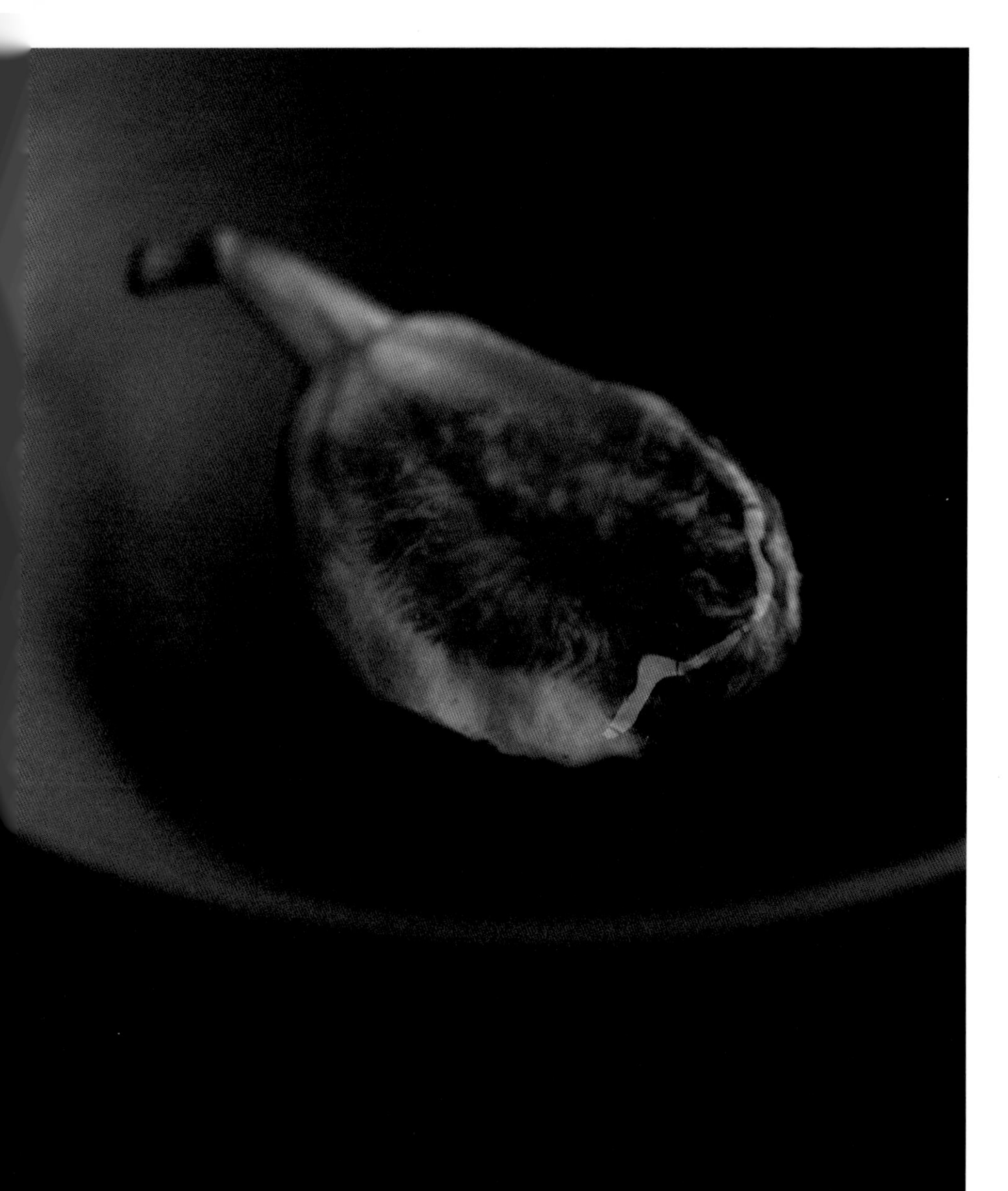

シナモン　クローブ　ジンジャー　カルダモン

数種のスパイスが相乗する好例がチャイだ。
複雑だけど調和したスパイスを白餡とあわせた。
秋だから栗。渋皮煮をふわふわにすりおろして、餡に纏わせるように、きんとんに仕上げる。
連想ゲームのように素材を重ねる。

きんとん: チャイスパイス餡, 栗渋皮煮, 甜菜糖 *(p. 139)*
Kinton: white kidney bean paste with chai spices, candied chestnuts with inner skin, beet sugar

山椒

味噌味の菓子がたまらなく好きだ。
夏の京都に旅をしたとき、食べた菓子が忘れられず、味噌餡の菓子をいくつかつくってみた。
挽きたての山椒をあわせたらピリリと好みの味になった。

つやぶくさ：山椒，卵，小麦粉，炭酸アンモニウム，味噌餡，甜菜糖 *(p. 139)*

Tsuyabukusa: dried Japanese peppercorn, egg, wheat flour, ammonium carbonate, soybean paste flavored bean paste, beet sugar

秋の輪郭

Contour of Autumn

秋を形成するものは、突然現れるのではなく、移ろいの中で立ち現れる。

耳を澄まして鳥のさえずりを聴き、目を閉じて漂う花や枯葉の香りを感じ、稲穂や紅葉の色に季節を教わる。

たとえ気がつかなくても、季節は巡り、また繰り返す。
気がつかなくてもいい。
気がついたらちょっと楽しい、ただそれだけだ。

暗香

朝晩が肌寒くなる頃、特に夜の、シンと冷えた空気に漂う甘い香りは、温度を感じながら、鼻の奥に充満する。
金木犀が香りを放つのは秋の束の間の出来事。

錦玉羹: 金木犀, 寒天, 甜菜糖 (p. 139)
Kingyokukan: orange osmanthus, agar-agar, beet sugar

霜降

田舎の風景に溶け込む柿の木。
ぽとりと落ちた柿に霜が降り積む。

道明寺: 干柿, 道明寺粉, 氷餅, 甜菜糖 (p. 139)
Domyoji: dried persimmon, domyoji glutinous rice meal, freeze-dried rice cake flake, beet sugar

稲穂

菓子木型の意匠の美しさ。
木型との出合いは一期一会。出合いを菓子に。

焼落雁: 米粉, 小麦粉, 和三盆糖, 米油 (p. 139)
Baked rakugan: rice flour, wheat flour, wasanbon sugar, rice oil

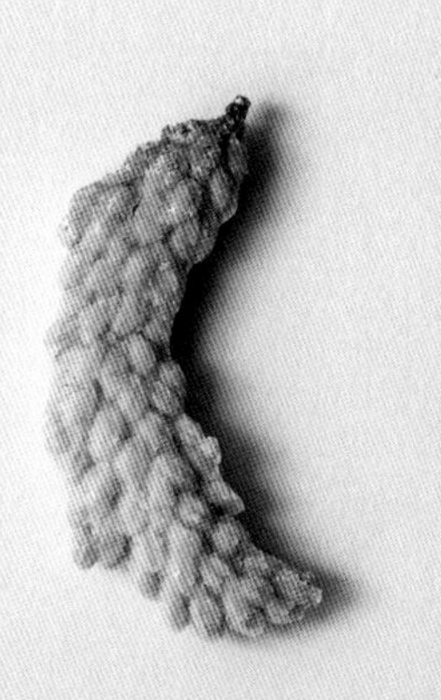

実りの鞠

空気を含んだ絞りたてのきんとん。
ふわっと口に含むとプンッと鼻に抜ける栗の香り。

栗きんとん: 栗, 甜菜糖 (p. 139)
Chestnut kinton : chestnut, beet sugar

月の桂

秋の月がほかの季節より美しいのは、月にあるという桂の木が紅葉して色づいているからだろう。
中国の伝説をもとに平安時代の歌人が詠んだ。
時を超えてもなお、秋の月は美しい。

浮島: 卵, 栗餡, 米粉, 甜菜糖, 栗渋皮煮 *(p. 140)*

Ukishima: egg, sweet chestnut paste, rice flour, beet sugar, candied chestnuts with inner skin

久方の 月の桂も 秋はなほ
紅葉すればや 照りまさるらむ

『古今和歌集』壬生忠岑

冬の色と根の音色

Color of Winter, Tone of Roots

冬は根菜が美味しい。
百合根や蓮根、牛蒡、生姜、つくね芋や大和芋…

和菓子の材料には根を原料とするものも多い。
葛、本わらび粉をはじめ、甜菜糖も根っこからつくられている。
時間と手間のかかる材料がほとんどだ。
根っこでつくる菓子。

冬の景色、雪をモチーフに、素材が響きあう、冬の音色を聴いてみたい。

葛の根

薄く焼いた葛焼きを光に翳したら、月面のような、レースのような、葛のまた違った顔に出逢えた。

塩葛焼: 葛, 塩 *(p. 140)*
Salted kudzuyaki: kudzu, salt

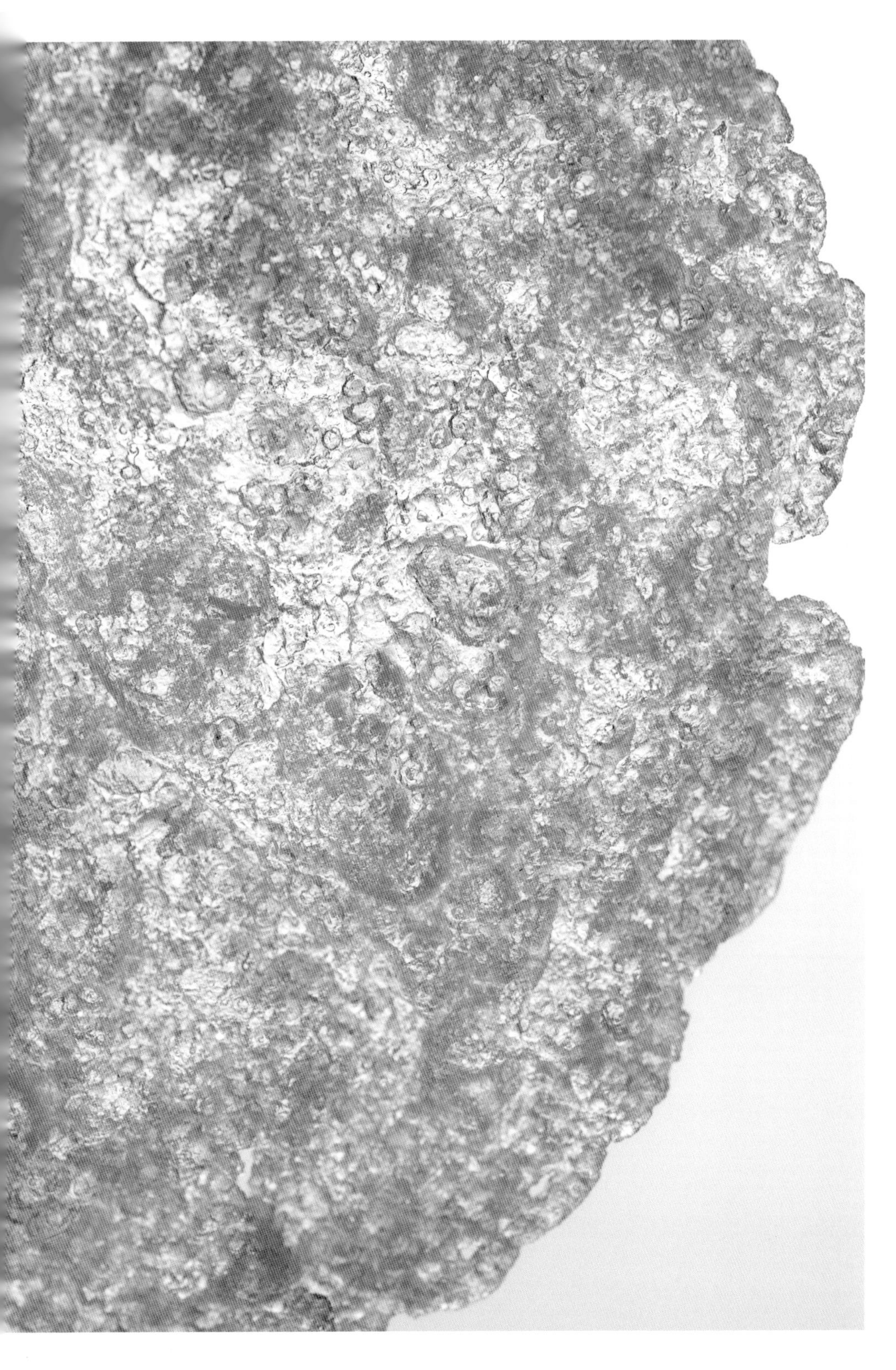

暮雪

夕暮れ時に降る雪
しんしんと降る雪
静かな静かなる雪
きっと積もるゝ雪

薯蕷練切: つくね芋, 白小豆漉餡, 甜菜糖, オブラートパウダー *(p. 140)*
Jouyo nerikiri: Japanese yam, smooth white azuki bean paste, beet sugar, oblaat powder

雪華（左）　銀雪（右）

冬の色、雪にまつわる言葉がたくさんある。
銀雪は雪原の風景がひろがり、雪華は雪の結晶を表す。
言葉ひとつで視野が変化する。

左）砂糖漬: 蓮根, 甜菜糖 *(p. 140)*
Candied lotus root: lotus root, beet sugar

右）求肥: 牛蒡, 羽二重粉, 味噌餡, 甜菜糖 *(p. 140)*
Gyuhi: burdock root, habutae glutinous rice flour, soybean paste flavored bean paste, beet sugar

雪の朝

目覚めたら、昨夜降り積もった雪が融け始めて、表面がきらきらしていた。
積もった雪を百合根で、融け始めた雪をタピオカで。

百合根羹: 百合根, 寒天, 牛乳, 生クリーム, タピオカ澱粉, 甜菜糖 *(p. 140)*
Yurinekan: lily bulb, agar-agar, milk, fresh cream, tapioca powder, beet sugar

生姜湯（左）　中谷宇吉郎とウィルソン・ベントレーへのオマージュ（右）

雪の結晶の写真を撮った先駆者 中谷宇吉郎とウィルソン・ベントレーに捧ぐ。
ふたりが撮影の合間に身体を温める一杯。

生姜湯: 生姜, クローブ, シナモン, カルダモン, 馬告, 鷹の爪, 島ザラメ (p. 141)

Ginger tea: ginger root, clove, cinnamon, cardamom, Chinese mountain pepper, Japanese dried cayenne pepper, crystal sugar

琥珀糖: 寒天, 甜菜糖 (p. 141)

Kohakuto: agar-agar, beet sugar

暖かい部屋でページをめくる

Turn Leaves in a Warm Room

ジャンルの違う3冊の本を持ち歩いていたことがあった。
シチュエーションで読む本を変えて、同時に幾つものことを考える癖をつけることを試みた。
私のフィルターを通してジャンルの違う本に共通点を見いだす。
未知の扉はたくさん開かれていた方が楽しいと思う。

この6冊の本は、今読みたいと思う本を決めるのとおなじように気軽に選んだ。
もう何十年も私の書棚に眠っていた1冊や、別の本から知って辿り着いたり、友人に勧められたり、装丁に惹かれて手に取った本、縁あって私の手元に届いた本ばかり。

この本にでてくる菓子はどんな味がするのだろう？
再現を試みるもの、新たに生み出す菓子、想像を膨らませてつくる菓子、物語の続きのような菓子。
菓子をつくるアプローチもそれぞれの本にあわせた。

われわれの足下，大地の奥底にひそむ，未来の星屑たちの
432片の鉱物写像集。
Manfred Holtfrerich
Blätter 1-236
Verlag der Buchhandlung

『Blätter 1-236』 Manfred Holtfrerich

作家は拾った葉を順に水彩画に描いていく。
私は旅先で拾った葉をそのつど型におこす。
アウトプットの形は違えど、葉に魅せられて。
私は新潟で採集した山葡萄の葉を菓子にした。

雲平: 粉糖, 寒梅粉 *(p. 141)*
Unpei: powder sugar, kanbai glutinous rice flour

Manfred Holtfrerich

『TERRA』萬集・櫻井欽一

432の鉱物の写真集。
ひとつとしておなじ形はない鉱物。
種の異なる鉱物も時には共存し、共鳴しあう。

素材の組み合わせも然り。
鉱物から自由な発想で菓子をつくることを教わった。

道明寺: 道明寺粉, 甜菜糖, 氷餅, 手亡豆餡, 錦玉羹, 果皮糖 (*p. 141*)
Domyouji: domyouji glutinous rice meal, beet sugar, freeze-dried rice cake flake, white kidney bean paste, kingyokukan, candied citrus peel

『すべての人に石がひつよう』バード・ベイラー

あなたは自分の石を持っていますか？
その石がひとつになってもこれだ！と思えるような石。

子供の頃から、海に行くと、夢中で石拾いをした。
大人になった今でも15分でも時間があるなら石を探したい
と思う。
どうだろう、これだ！と思う石に出合えているだろうか。
自分の石を持つ本当の意味はなんだろう…

薯蕷練切：つくね芋, 黒胡麻, 白胡麻, 白小豆漉餡, 甜菜糖 (p. 141)
Jouyo nerikiri: Japanese yam, black sesame, white sesame, smooth white azuki bean paste, beet sugar

『旅と味』あん玉論争　戸塚文子

著者の戸塚文子は月刊「旅」の編集部に勤務していた。
同僚との無駄話から、最近見かけなくなった「あん玉」が関東近県の地域によって呼び名が違うという話題になる。
「あんこだま」「あん玉」「てん玉」、はたして、本当の呼び名は？
編集部一行は、かつて浅草に実在した和菓子屋を訪れ、この菓子を職人技でどんどん製造されていく様子を見学する。

てん玉: 小豆漉餡, 寒天, 甜菜糖 *(p. 142)*
Tendama: smooth azuki bean paste, agar-agar, beet sugar

『文体練習』55・味覚　レーモン・クノー

バスの中で繰り広げられる話と、2時間後に別の場所で起きた他愛のない話を99通りの文体で綴ったレーモン・クノーのウィットにあふれた本。装丁も美しい。

55番目の味覚の章を選んで菓子をつくる。
バスの中の出来事が、食べた人の口の中で繰り広げられる、私の文体練習。2時間後に遅れて来たハシバミのボタンも添えて。

落花生汁粉: 落花生, 手亡豆餡, 牛乳, 甜菜糖, 白玉粉, カカオニブ, グリーンレーズン, ラム酒, 煎り玄米, ヘーゼルナッツ *(p. 142)*

Peanuts siruko: peanuts, white kidney bean paste, milk, beet sugar, glutinous rice flour, cacao nibs, green raisin, rum, roasted brown rice, hazelnuts

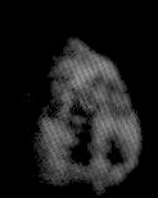
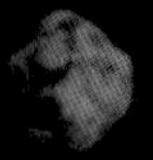

『檸檬』梶井基次郎

梶井基次郎に捧ぐ、「檸檬爆弾」。
積み上げた美術書の頂に置いた、カーンと冴えた色の檸檬。
爆弾処理は胃袋で。

檸檬大福: 餅粉, クリームチーズ, 白小豆漉餡, 檸檬, 甜菜糖 *(p. 142)*
Lemon daifuku: glutinous rice flour, cream cheese, smooth white azuki bean paste, lemon, beet sugar

菓子の柔らかさ、かたさ、伝えたい味覚のことを考えながら、見合った道具を菓子に添える。
道具が味覚に影響することに気づいたのは、何年か前に旅先で訪れたアンティークの店だった。1800年代のイギリスでつくられたスターリングシルバーのスプーンと出合う。薄くて軽いそのスプーンで、アイスクリームを食べた。スーッと口の中に溶けていき、味が繊細に舌に伝わった。菓子と菓子を食べる人を介する道具について、考えるきっかけになった。
菓子切はなかなか満足のいくものがなかった。そんなとき、黒檀を使った作品を手掛けている木工作家のいしいりえさんと出逢う。１年かけてふたりで菓子切を研究した。試作の度に私が菓子をつくり、切れ味や使い心地を試すことを繰り返した。私からは、用と美、使う人の所作が美しく見える菓子切を、と投げかけた。いしいさんは、菓子のために黒子に徹する菓子切をつくりたいと言ってくださった。私達の目指した菓子切は、菓子を味わうことに集中できること。切れ味は美味しさにも繋がるので細部までこだわった。いしいさんがかたちにしてくださって彗星菓子手製所のための菓子切が生まれた。寒天を使った錦玉用の「夏菓ノ黒」、その他の菓子用に「彗菓ノ黒」と名付けた。
塗師が手掛ける黒檀の箸も箸先が細く、口にスッと馴染む。箸は子供の頃から、毎日使ってきた道具だけれど、フォルムが味に影響するとは思いも寄らなかった。
道具以外にも口に運ぶものはまだある。それは手。
手で食べた方が美味しいと思う菓子は、手で食べたい。菓子に触った指先の感触もすでに味覚を感じている。
菓子を美味しくするためにどんなことにも柔軟でありたい。

菓子をしつらえるうつわは、直感でえらぶことが多い。のせたときの色合い、余白、どこを気に入ったのか言葉では言い表せないことも実はある。そのなんとなくいいと思った気持ちもあわせて、ファーストインプレッションを大事にして決める。母が地元の工芸も扱うミュージアムショップに勤めていたこともあって、漆器や吹き硝子のうつわが食卓に並んだ。全てが手仕事のうつわではなかったけれど、手仕事が感じられるうつわは、料理を盛りつけたときに、雰囲気が変わるのを感じて、興味を持つようになった。どんな料理が似合うのかを想像したり、料理をつくって友人をもてなす喜びも知った。学生の頃からうつわが好きで、実家の自分の部屋にも食器棚があるほどだった。
吹き硝子の工房や陶芸教室へもしばらく通っていたことがある。どんな過程を踏んでつくられているかを今も身体が覚えている。吹き硝子の工房では、硝子の融ける温度や、融けた色、一挙手一投足が仕上がり全てに響いて来るため、瞬間の判断力が試される。吹き終わったあとも出来上がったガラスのうつわは、急激な温度差で割れないように温度をゆっくり下げていく。液体が形になっていく様子は、今から思えば和菓子をつくる過程にも似ている。
陶芸は主に手捻りやタタラの手法で製作していたのだが、どこで止めるかをいつも試されているような気がした。工程がいくつもあって、焼成するときに釉薬がどんなふうに景色として現れるのか、予測を越えたところに魅力があることも知った。性格的には瞬間で判断する吹き硝子の方があっていると思う反面、菓子づくりは陶芸の感覚に近いなと感じる場面がいくつも思い出される。吹き硝子と共通することもあるが、特に下準備の積み重ねや、段取りや、見極め、この体験はとても心強いものになっている。
好きが高じて通っていた手習いが役に立ち、現在は和菓子の仕事を通じて、陶芸、硝子、和紙、布、金工、木工、植物など多方面の手仕事の作家の方と協働させていただくことに恵まれている。作家の産み出すうつわや作品にあわせて和菓子を調製する。このときは主役はあくまでもうつわ。そのままインスピレーションをいただいて、調製することもあれば、作家のものづくりへの姿勢や大切にしていることを工房まで取材に伺うこともある。ギャラリストが投げかけたテーマにあわせ、作家と一緒に茶会の趣向やうつわの大きさをしっかりコミュニケーションを取りながら相談する。イメージを共有し、試作は自分の中でとどめる。最後まで、作家と私のセッションのようなワクワクした気持ちを、召し上がっていただく方にも伝えたいとの思いから、発想の可能性をぎりぎりまで残しておく。作家との協働の醍醐味はそこにあると思っているから。
自分の手を動かして初めて見えることがある。使ってみてわかることもあれば、繰り返し使ってこそ見えることもある。また使っていくうちにもっと味わい深く育っていくのも魅力。ピンと張りつめた緊張感のあるうつわ、ふところの深いうつわ。どんなうつわも、それぞれのシチュエーションにあわせて菓子からのアプローチを楽しみたい。

余韻

茶道では、菓子は一服の茶のためにあるものというのは、ひとつの拠りどころでもある。そのことは心に留めながらも、和菓子の種類は駄菓子や郷土菓子から上生菓子まで多種多様。和菓子をもっと楽しんでもらいたいという思いから、茶と菓子の相乗を目指して、「茶菓の会」を開くようになった。折々のテーマにあわせ、季節の食材を使って、4〜6種の菓子をストーリー仕立てで茶とあわせて展開していく。
菓子にあわせる茶を考えるとき、日本の茶だけでなく、ジャンルや国境を越えて、ひとつの「飲みもの」として捉えるようにしている。菓子との相乗を目指す私のクリエーションでは、テーマにあわせて調製した菓子のために、茶葉を選び、茶と菓子のあいだで行ったり来たりを繰り返し、相乗を確かめながら、時には直感で柔軟に菓子のための一杯を用意する。
気持ちを注ぐのは、そのタイミング。茶を先に出すか、菓子と一緒か、余韻を楽しめるように、ひと呼吸おくべきかを直前まで考えている。
同じ茶葉でも、茶葉の量、湯の量や温度、淹れる速度によって、茶の味は変わる。それに加えて、その日の天気、気温、湿度、菓子の香り、食感など想像力を働かせて、菓子を召し上がっている方の表情を伺いながら呼吸をあわせ、その一杯を淹れる。茶は菓子以上に生き物だと思う。
初めて茶菓の会を開いたとき、私は台湾茶に夢中だった。女性の茶師がつくる「四季春」という烏龍茶と出合い、私の中で何かが開いた。そのときの茶会は「雨」がテーマ。茶師がつくった品のある繊細な花のような香りの「四季春」を淹れたくて、この湿度も感じられる茶にあう菓子を考えた。銘は「雨余香」。雨粒をタピオカに見立て、ドライランブータンを葛で寄せて蒸した菓子を調製した。
また、柑橘の果実をくりぬいたうつわの中に錦玉液を流して固めた柑橘羹には、「おくゆたか」という品種の宮崎産の釜煎り茶を選んだ。この菓子はジューシーなので、菓子を食べ終わる頃を見計らって、茶の香りを引き出すように高めの温度で淹れる。口内に残った柑橘のわずかな香りと味が、茶と菓子の余韻を引き出してくれる。
屋久島産のタンカンを使ったジャムを挟んだ奄美の純黒糖の浮島には、中国の「小青柑（シャオチンガン）」をあわせる。フレッシュな小ぶりの青い柑橘をくりぬいた中に、プーアル茶を詰め込んでしっかり乾燥させ、柑橘の形をとどめた見た目にも珍しい茶だが、陳皮を珍重する中国だからこそ生まれた、知恵の詰まった茶だと感心する。湯の中で陳皮の成分がゆっくりと溶け出し、煎の重ねられるプーアル茶との二人三脚に気づく。菓子を食べる前に1、2煎を茶だけで味わう。そのあと菓子と一緒に楽しんでいただく。さらに煎を重ね、小青柑の陳皮がゆっくりと開き、茶の味が変化していく。時間をかけて味覚の交差に感覚をゆだねて楽しむ趣向にした。
「雲薫ル」という雲に見立てた空気を含んだ落雁に用意したのは水。実際には、この落雁は抹茶にも珈琲にもあう。テーマや菓子にとって、何を伝えたいかの明確な答えがあるときは、水という選択もまた「飲みもの」のひとつとして考えている。菓子とその余韻を楽しむために引き算をする勇気をいつも心掛けている。

情景と現象

情景や自然現象から発想を得ることがある。
最初に思い出す現象は、前日から降った雨上がりの翌朝、部屋から庭を眺めていたときのことだった。物干し竿に、雨の雫が連なっていて、雫のひとつひとつに太陽の光が差し込んでいた。連なったたくさんの雫はきらきらと宝石のように輝いて美しかった。語彙の乏しい6歳の私は「おとぎの国みたい」と母に言ったのを覚えている。
それからは、散歩の途中や旅先で心に残る情景や自然がつくり出すハッとするような現象に出逢うことが楽しみになった。
和菓子をつくるようになって、和菓子の表現の領域が文学や芸術のように豊かだと感じていた私は、そこに居合わせた偶然と、その場で私しか気づかないような些細な現象や情景を掬い取って、あるいは切り取って菓子に映してきた。どのように表現できるかを形にしていく作業は難しくも楽しい過程。その試行錯誤の末に出来上がった菓子を召し上がってくださる方々の中に、似たような経験をした記憶や想い出が蘇ってくるのを、顔の表情で読みとれるような場面に立ち会うことがある。それは私にとってはご褒美みたいなもので、菓子を通して、共有できた喜びは何ものにも変えがたい。私は菓子をつくってはいるけれど、菓子以外の何かをつくっているのかもしれないと思う嬉しい瞬間だ。
心を打つ情景や現象は不思議と探さなくても突然むこうからやってくる。自然があふれる場所でも、都会の片隅であっても。そして、その時に出逢えずとも、季節はまた巡り、繰り返す。
肩の力を抜いて、まだ見ぬ情景と現象に出逢うために散歩や旅を楽しみたい。

空間

北園克衛という現代詩の詩人がいる。10代の終わりに彼の詩を初めて読んだとき、頭の中に空間が広がった。言葉に導かれながら、宙に放り出されたような浮遊感を覚えた。
当時、建築を志して設計事務所に勤務していた私は、休日の時間をみつけては、建築の見学に出かけた。ファサード、アプローチ、間取り、素材の使い方、経年変化、光の入る方向、光と影の関係性、風の通り道、ヒューマンスケールから雨仕舞いに至るまで。さまざまな要素が空間をつくり出すことをなんとなく感じはじめていたところに、北園克衛の詩に出合った。個人的な印象ではあるけれど、言葉の可能性を感じて、とても新鮮な発見だった。リアリティはないけれど、言葉が造り出す空間のインスピレーション。五感のいくつかがひらいていくのを感じられるような…。
詩や言葉と同じように、菓子でも空間がつくれるのではないか、と頭の片隅で考えるようになった。
シチュエーションの違いによってどうつくるのか、何をめざすのか、何を表現したいのか。素材を選び、手を動かして製作する。指先で素材を感じながら、それぞれの菓子の姿には気配や空気感を纏わせる。印象だけにとどまらず、食べたときのその味も澄みきった空気のように、喉を通るときスッと淀みなく流れる水のようにということを心に留めながら。

I-12　琥珀糖

寒天、水、甜菜糖を煮詰めてリキュールを入れ、型に流して固める。取り出し、成形する。表面が糖膜を帯びて結晶化するまでよく乾かす。糖膜が薄い方が、食感が儚くて美味しい。

白のニュアンス

22　種を蒔く

寒天と甜菜糖を溶かした錦玉液に白小豆の蜜煮を入れて固めた錦玉羹。黒須きな粉と牛乳を、濃度調整しながら混ぜ、土に見立てた。

24　軒先にて

白小豆の漉餡の羊羹の上に、柿のピューレを寒天液に混ぜたものを流し固めた2層仕立ての羊羹。柿は完熟しているものが美しい色に仕上がる。

26　収穫

白小豆を皮が破れないように静かに柔らかくなるまで煮、好みの量の甜菜糖を入れてつくる善哉。冬なら金柑の蜜煮や餅を添えても美味しい。

28　繋ぐ

雪平(せつぺい)は雪のように白い餅生地の意味。羽二重粉でつくった餅生地と甜菜糖を鍋に入れて、泡立てた卵白を少しずつ加えてつくる。若葉が出たあとに、前の葉が落葉することから、代を譲るという意味をもつゆずり葉をあしらう。

32 橘葛

葛湯の中に、搾った蜜柑の果汁を入れる。冷蔵庫で冷やす。檸檬や柚子の皮を飲む直前に削って散らすと香りがよい。

34 田道間守(たじまのもり)に捧ぐ

内果皮の厚い柑橘を選び、繰り返し茹でこぼし、甜菜糖を入れ、太陽に翳すと透明になるくらいまで煮詰める。オーブンシートに並べて結晶化するまで乾かす。

36 柚飯

餅米を蒸して、おこわをつくる。柚子の皮を小さく均等に刻む。炊きたてのおこわに混ぜ、一口大に丸める。黒ごまを散らしても香ばしい。

37 柚香煎

柚子の皮の白い部分を外し、外皮を乾かし粉末にする。塩と柚子の粉を椀に入れ、湯を注ぐ。旅に携帯するのもお勧め。

38 香りを纏う

寒天、水、甜菜糖を煮詰め、柚子果汁を入れる。型に流す。正方形に切り出し、柚香煎の柚子の粉末を纏わせ、乾かす。

40 柑橘羹

文旦、夏蜜柑など好みの柑橘の果肉を取り出し、うつわにする。錦玉液に果肉を入れ、うつわに流し込む。切ったとき、果皮のフレッシュな香りが錦玉羹に移っていっそう香りが増す。

42 雲薫ル

甜菜糖、寒梅粉、蜜を入れてすり混ぜる。檸檬や柚子など香りのよい柑橘の皮を削り混ぜる。空気を含ませるようにして、固め、よく乾かす。

44　拝啓、ヴィクトリア女王様

浮島は蒸したカステラのこと。生地には手亡豆餡と奄美でつくられている純黒糖を使用した。屋久島のタンカンは、香りを引き出すため、皮と実を別々に煮る。生クリームと一緒に挟む。

春の情景

48　春のこゑ

野趣あふれる蕗の薹を選ぶ。蕗の薹の葉を一枚ずつ剝がす。茹でてあくを抜く。煮立った蜜に一枚ずつ丁寧につけて、乾かす。

50　ランドスケープ

スナップエンドウは彩りよく茹で、甜菜糖とともにピューレにする。餅粉を蒸し、白小豆漉餡を包む。山椒の葉を天にあしらう。

52　夢見草

苔をイメージした青海苔をまぶした道明寺粉生地。土の香りを忍ばせたくて、牛蒡味噌餡を包む。桜の花びらは氷餅をドラゴンフルーツで染めた。

54　桜雲

苺をつぶしてスープにする。透明感を出すため、わらび粉を使い、白小豆漉餡をつつむ。スープと混ぜながら桜色に変化するのも楽しい。

雨の言葉

58　驟雨（しゅうう）

自然現象を菓子に映す。海藻由来の素材アガーで水のゼリーをつくり、水滴を表現する。笹の葉に添え、梅酒でつくった梅蜜をかける。

60　雨余香（うよかんばし）

言葉から湿度のある菓子を想像した。葛に雨期の多い場所で育ったドライランブータンを混ぜる。自家製のタピオカで雨粒をつくり、蒸し上がりに散らす。

62　雨奇晴好（うきせいこう）

枝豆を柔らかく茹でてつぶした餡で山をつくる。錦玉羹に竹串などで雨を降らせる。手法はいろいろあるが、遠くから眺める繊細な雨を表現したい。

64　白雨（はくう）

広重の『東海道五拾三次之内 庄野 白雨』という浮世絵がある。勾配のついた雨の描写が印象的な木版画をイメージして、細くて長い琥珀糖をつくる。

夏の情景

68　螢

螢が飛び立つ景色を葛湯で表現した。水辺は蝶豆(バタフライピー)を水出しに。螢の光は種を外した果物時計草(パッションフルーツ)をそれぞれ葛湯にあわせる。果物時計草の種子を螢に見立てた。

70　沼縄（ぬなわ）

蓴菜はさっと茹で、氷水に放す。海藻由来のアガーで水のゼリーをつくる。蓴菜を閉じ込めて固まらせる。蜜漬けした実山椒を蜜とともに添える。

72　なんば

とうもろこしを蒸して、ミキサーにかけ裏漉しする。手亡豆餡に混ぜて炊き上げる。ういろう生地に包み、木型にとる。香ばしくバーナーで炙る。

74　氷室

蜜煮にした桃を錦玉液と混ぜ、メレンゲに少しずつ加えた淡雪羹を型に流し、さらに上から透明な錦玉液を流す。三角に切り分け、氷に見立てる。

秋とスパイス

78　カルダモンと林檎

カルダモンを煮出した錦玉液をつくり、型に流す。林檎を蜜煮にしてピューレにする。皿に重ね、食用菊を天に添える。

80　馬告（マーガオ）　ディル

粉糖と寒梅粉を混ぜ、それぞれのスパイスを入れ、少量の水で固め、成形する。馬告は台湾のスパイス。レモンのような爽やかな香りが特徴。ディルはすっきりした爽やかな香りがある。

82　丁子

フレッシュな無花果を半分に割っておく。丁子の香りを移した水で緩めに練った葛を、程よく冷まして、無花果に掛ける。葛が透明なうちに食べたい。果物は旬のものを選ぶとよい。

84　シナモン クローブ ジンジャー カルダモン

４つの香辛料でチャイスパイスをつくり、手亡豆餡に混ぜる。栗の渋皮煮をゼスターでおろす。チャイスパイス餡のまわりに纏わせ、きんとん仕立てにする。

86　山椒

手亡豆餡に白味噌を入れて練り上げ、味噌餡をつくる。つやぶくさは小麦粉の生地を焼き、気泡のついた面を表にして餡を包む。挽きたての山椒をふりかける。

秋の輪郭

90　暗香

金木犀は花びらだけを丁寧に収穫し、さっと洗って、蜜で煮詰める。錦玉液とあわせ、型に流す。花が閉じ込められた様子は季節の標本のようだ。

92　霜降

旅先で見た景色を映した。道明寺粉の餅生地を干柿に纏わせる。細かくおろした氷餅をまぶし、霜に見立てた。ヘタを持ちながら手で食す。

94　稲穂

稲穂をモチーフにした木型との出合いが先だった。米粉、米油、ほかの素材をあわせ木型で抜き、オーブンで焼く。沖縄の伝統菓子ちんすうこうに発想を得た。

96　実りの鞠

栗を蒸す、または茹で、スプーンで実を取り出す。好みの量の砂糖を入れ、裏ごしをする。小田巻という道具を使い、ふんわり空気を含むように絞り出す。絞り立てを食す。

98　月の桂

栗餡でつくった浮島という蒸したカステラを切り分け、円形の皿に配置し、トリュフスライサーで栗の渋皮煮をたっぷりスライスして月の桂に見立てる。

冬の色と根の音色

102　葛の根

葛を水で溶かす。フライパンで揚げ焼きにする。好みの塩を添え、できたてを食す。塩のほか、餡をディップのように添えたり、善哉のあしらいにしてもよい。

104　暮雪

つくね芋は蒸して裏ごしし、甜菜糖とあわせておく。白小豆漉餡とあわせ、薯蕷（じょうよ）練切の生地をつくる。餡を包み、オブラートパウダーで積もり始める雪に見立てる。

106　雪華

蓮根は細くて新鮮なものをえらび、皮を剝き、スライスして、酢水に放す。さっと茹でてぬめりをとる。蜜煮する。甜菜糖をまぶし、乾かす。

107　銀雪

求肥の生地を蒸し、仕上げに刻んだ牛蒡の蜜煮を混ぜ、型に流して、冷ます。切り分けて、緩めに仕上げた味噌餡を添える。はなびら餅を再構築した。

108　雪の朝

百合根は一枚ずつ剝がして、蒸す。裏ごしして、牛乳羹液に混ぜる。ソースは裏ごしした百合根を牛乳で溶く。仕上げに自家製タピオカをのせる。

110　生姜湯

生姜、クローブ、シナモン、カルダモン、馬告、鷹の爪を煮立て、最後に島ザラメを加えて煮詰めていく。鷹の爪が入るので辛口。冬はお湯割り。夏は炭酸水で割っても美味しい。

111　中谷宇吉郎とウィルソン・ベントレーへのオマージュ

寒天、水、甜菜糖を煮詰める。型に流す。六角に抜き、雪の結晶に見立てる。生姜湯に添えるため、果汁などは入れないでつくる。

暖かい部屋でページをめくる

114　『Blätter 1-236』 Manfred Holtfrerich　Kunsthalle Bremen刊　2018年

粉糖と寒梅粉を混ぜ、少量の水で固め、延ばして、抜き型で抜く。抜き型は採集した葉のスケッチをつくり、職人に依頼した。手仕事の連鎖を試みる。

116　『TERRA』 蒐集・櫻井欽一　写像・佐々木光　構成・米澤敬　牛若丸刊　2004年

道明寺粉を蒸し、刻んだ柑橘の果皮糖を入れた手亡豆餡を包む。大きめに砕いた氷餅をまぶす。錦玉羹を、鉱物をイメージしながらカットし、のせる。

118　『すべてのひとに石がひつよう』 バード・ベイラー　北山耕平訳　河出書房新社刊　1994年

薯蕷練切の生地に、黒胡麻をペースト状にしたもの、黒胡麻または白胡麻を混ぜ込みながら、石をイメージした色をつくりだす。餡を包み、手のひらで、石のように成形する。

120　『旅と味』あん玉論争　戸塚文子　東京創元社刊　1957年
小豆を煮て、漉餡をつくる。寒天液を丸めた餡の上からかける。寒天液が餡玉のまわりを金魚の尾ひれのようにひらひらと広がる様子が楽しい。

122　『文体練習』55・味覚　レーモン・クノー　朝比奈弘治訳
朝日出版社刊　1996年
落花生は皮を剝き、ペーストにする。手亡豆餡と牛乳をベースにした汁粉に混ぜて漉す。白玉は茹でる。カカオニブ、ラム酒に漬けたグリーンレーズン、煎り玄米を散らす。ヘーゼルナッツの砂糖がけをうつわの外に添える。

124　『檸檬』梶井基次郎　武蔵野書院刊　1931年
レアチーズケーキから発想を広げた餡は、クリームチーズと檸檬果汁、甜菜糖をあわせた生地と白小豆漉餡を重ねて丸め、冷やしておく。蒸した餅生地に檸檬の皮をすりおろし、混ぜ込む。餅で餡を包んで成形する。

彗星菓子手製所　*suiseikashi teseisho*

和菓子作家。岡山県生まれ。2013年より工芸をはじめとする多分野の作家とのコラボレーションをギャラリーやイベントなどで行う。菓子と茶をクリエーションする「茶菓の会」を主催する。経験と体験を菓子の意匠に活かし、和菓子の可能性を探る。多和田葉子著『地球にちりばめられて』(2018年 講談社刊)、『星に仄めかされて』(2020年 講談社刊)にて、琥珀糖を自ら製作撮影した装菓を手掛ける。
茶菓の会の開催予定は下記を参照。

suiseikashiteseisyo.tumblr.com　*www.instagram.com/feb08*

撮影　大沼ショージ
企画＋編集　小山内真紀
ブックデザイン　新保慶太＋新保美沙子 (smbetsmb)

special thanks　やどり木スタジオ
カワウソ

彗星菓子手製所の和菓子

2020年9月30日　初版第1刷発行

著　者　彗星菓子手製所
発行者　喜入冬子
発行所　株式会社 筑摩書房
東京都台東区蔵前2-5-3　〒111-8755
電話番号　03-5687-2601(代表)
印刷・製本　凸版印刷株式会社

乱丁・落丁本の場合は、送料小社負担でお取り替えいたします。
本書をコピー、スキャニング等の方法により無許諾で複製することは、法令に規定された場合を除いて禁止されています。請負業者等の第三者によるデジタル化は一切認められていませんので、ご注意ください。

©suiseikashi teseisho 2020 Printed in Japan
ISBN978-4-480-87911-0 C0077